同事都是外星人

一掃職場壞心情的教戰手冊

野澤幸司

前言

辦公室，是不斷碰上未知事物的地方。
這裡存在著因為世代、性別或立場等差異而生，
讓人無法完全理解的行動和發言，
其中甚至有對我們造成巨大傷害者。
所謂職場，或許就是充斥著對人際關係不耐煩的小宇宙。
有煩惱著不知如何和年長前輩相處的年輕人；
有對下屬不可理解的行為感到疲憊的主管；
有隱忍著大叔無腦發言的女性。

他們究竟該如何與這些「職場外星人」相處呢？

我懷著希望有所助益之心，

提筆寫下這麼一本大概沒什麼幫助的書。

不過，在大家疲於或苦於職場人際關係時，

若能搏君一笑即是我的榮幸。

目錄

第2章
肇因於數位化的麻煩人物
用電腦和智慧型手機的那種 外星人

目錄

目錄

本書閱讀指南

本書依外星人的生態與對策分為 4 章。順勢讀下去便能減緩心中的鬱悶，甚至在讀完之後對宇宙的遼闊、上天的包容力感到驚奇也說不定。沒錯，這就是所謂的職場多樣化。

外星人名

在公司剪指甲星人

攻略難易度 ★★

攻略難度
以星等評鑑此種外星人的攻略難易度。

形象
根據目擊情報製作出的示意圖。

【生態】
這種外星人幾乎不存在於忙碌的商務人士之中，多在上午的辦公室出沒。抽屜裡常備著指甲剪，對他們而言，在公司剪指甲儼然已成一種習慣。還有另一種會剪腳指甲的稀有種，他們通常工作量更少，處於閒職。

生態
敘述此種外星人的特徵、性格、常做的行為、習性和出沒場所。說白了，就是讓人煩躁之處。

【對策】
他們剪指甲時相當專心，不宜攀談。請設法吞下「給我在家裡剪好再來上班啊，反正你那麼閒」的心聲，裝作沒看到吧。對於擾人的噪音，能戴耳機的話就戴上，求個耳根清淨。

對策
與該星人的相處之道，只要付諸實踐就能一掃心中煩躁。

•來自宇宙的天音•

有能者不露利爪；無能的上司在職場剪指甲。

來自宇宙的天音
身在宇宙某處（或者說是洞察一切）的神所賜的一句建言。搞不好是全書最有療效的部分。

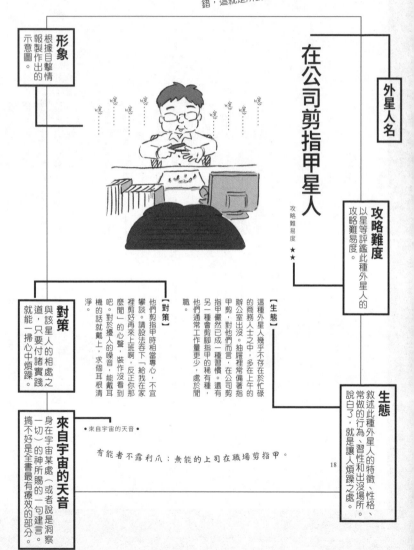

第1章

如果只是不爽一下就能了事的話倒還好……

出現在身邊就充滿麻煩的那種外星人

平常遇到只要咂咂嘴就能消氣的問題，
但一不留神就很有可能受到牽連，
屬於棘手的類型。

剩下的就拜託你了星人

攻略難易度 ★★★★★

【生態】

一臉彷彿是專案負責人的樣子，指使人著手處理，一旦做完表面功夫、搶盡風頭後，便丟下一句「剩下的就拜託你了」，就此神隱。閒來沒事就時不時跑來關心「那件事進行得如何啦？」

【對策】

也許比凡事皆要插手碎念的類型還好應付，而且他們過去很有可能也受到上司如此對待——不如這麼轉念一想，度過眼前的苦難吧。

•來自宇宙的天音•

功勞算我的，失敗怪下屬。這就是所謂的上司。

大喊「很痛耶！」星人

攻略難易度 ★★★★★

【生態】

在捷運上有肢體上的碰撞時，明明也沒撞多大力，卻硬要表明「很痛耶！」的大嬸外星人。而且並非「啊！」、「痛！」之類的，而是明確地唸出「很．痛．耶」三個字，其目的很顯然的是要強調自己的被害者身分。

【對策】

在擁擠的車廂中鎖定大嬸比較少的區塊。萬一不小心撞到了，就用比對方還大的音量喊出「好痛！」，明確地主張自己也是受害者。

•來自宇宙的天音•

與大嬸之間的衝突事故不在保險的承保範圍內。

很會裝忙星人

不好意思，
我有點忙不過來……
這個戲精!!

攻略難易度 ★★★

【生態】

不論何時叫他，都像被時間追著跑一般忙碌。實際上的工作量根本沒那麼大，通常只是為了避免被交付額外工作而做出的自我保護行為，或是想表現得像個大忙人罷了。

【對策】

想請他們幫忙的時候，只要仔細聽他們手上的工作進展得如何就好。接著就等對方露出馬腳，弄清楚他其實沒多忙之後，對方也就沒理由拒絕了。話說回來，還是別把工作託付給這種沒幹勁的同事比較好吧。

•來自宇宙的天音•

請把演小劇場的心力花在工作上啊。

一個口令一個動作星人

攻略難易度 ★★★★

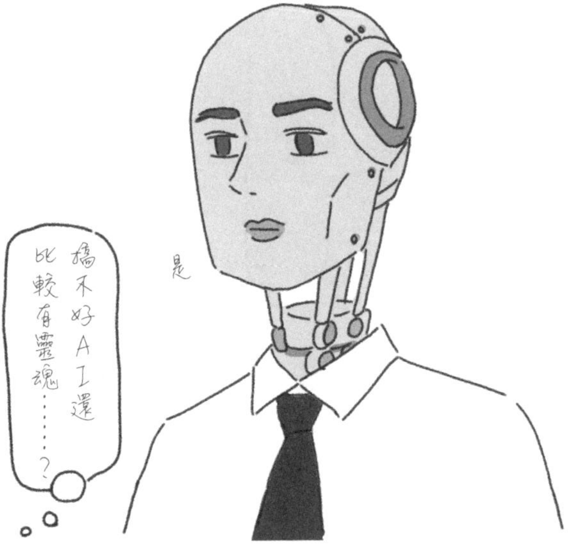

【生態】

全然依照前輩或主管的指示行事，卻不會做任何交辦事項以外的工作，如機器人般的外星人。由於本人並沒有惡意，反而更難改善。

【對策】

針對這種一板一眼、聽命行事的個性，只要對他們下「除了交辦事項以外，試著主動留意該做的事吧」的指示即可。等到被問「我該做什麼好呢？」的時候，再對他下指示就好。

•來自宇宙的天音•

使命必達度100%

被罵就辭職星人

攻略難易度 ★★★★★

那我辭職好了。
你知道什麼叫忍耐嗎？

【生態】
只要被念或被罵就感到萬般痛苦，輕易辭職的年輕外星人。現今的日本職場中，公認最難搞的就是他們了。

【對策】
雖然罵不得，但也不能就此放著不管，因此得在發完怒之後告訴他們哪裡做得不好、要怎麼改進，必須手把手教導他們才行。對付這種對手，絕對不能嫌麻煩。

●來自宇宙的天音●

這種人變成大叔之後也會動不動被罵就喊離職嗎？

先上後下星人

攻略難易度 ★★★★★

【生態】

明明還有人要下車，卻為了搶位子而硬擠上車。這種外星人多半同時具有「大喊『很痛耶！』星人」的特質，且有很高的機率是大嬸。

【對策】

他們只要看準空隙就會擠上車，因此下車的時候要記得堵好空隙，接著他們會因為上不了車而開始不耐煩，只要趁他們亂了陣腳的時候下車就好。先下後上是鐵則。

•來自宇宙的天音•

不論對手是南美的足球前鋒還是大嬸，都不能給對方空隙。

在公司剪指甲星人

攻略難易度 ★★

【生態】

這種外星人幾乎不存在於忙碌的商務人士之中，多在上午的辦公室出沒。抽屜裡常備著指甲剪，對他們而言，在公司剪指甲儼然已是一種習慣。還有另一種會剪腳指甲的稀有種，他們通常工作量更少，處於閒職。

【對策】

他們剪指甲時相當專心，不宜攀談。請設法吞下「給我在家裡剪好再來上班啊，反正你那麼閒」的心聲，裝作沒看到吧。對於擾人的噪音，能戴耳機的話就戴上，求個耳根清淨。

•來自宇宙的天音•

有能者不露利爪；無能的上司在職場剪指甲。

在椅子上盤腿坐星人

攻略難易度 ★★★

【生態】

在公司像在家一樣，把鞋子脫了就盤腿坐在辦公室的椅子上，呈現放鬆狀態。就連會議室的椅子也難逃一劫，沾染上細菌和異味等，釀成災害。

【對策】

只能自備除臭噴霧自保了。雖然噴的時候要是被本人看到會很尷尬，但正巧可以暗示對方「不要在公司盤腿坐。」

•來自宇宙的天音•

切莫濫用周遭的體貼，「坐」享其成。

萬事怪環境星人

攻略難易度 ★★★★

我們部門
就那樣啊
你這種人去
哪裡都一樣啦
椅背調超斜

【生態】

當表現或成果不如預期時，不檢討自己，常常怪罪到職場環境上的惡質外星人。這種人絕不可能出人頭地。

【對策】

他們對於前輩或主管給的建言，只會在心裡覺得「聽無能上司給的意見根本毫無意義」，因此只要徹底放生他們就好。有能力的人無論在什麼樣的環境都能發揮實力。請將他們視為最佳負面教材，好好地磨練自己，在職場求生吧。

• 來自宇宙的天音 •

怪罪環境者＝無能之人，此乃宇宙真理是也。

影印紙用完不補星人

攻略難易度 ★★★★★

誰快來補紙
誰快來補紙誰快來補紙

【生態】

明知是自己把紙印完，卻絕對不會動手補紙。遇到卡紙或碳粉用完的情況更是躲遠遠的。由於難以揪出犯人是誰，還真是「紙」有天知道了。

【對策】

對於這種覺得「反正總會有人處理」、滿不在乎的惡質外星人，我們只能佛心補紙了。等到擱置的文件印完之後，犯人自然就會現身於影印機前，屆時再好好端詳他的面容即可。

•來自宇宙的天音•

大發慈悲用佛心補紙吧。

做這個有意義嗎星人

攻略難易度 ★★★★★

【生態】

對於每項工作或交辦事務，都要一一追問做了有何意義的外星人。要是回他「閉嘴，做就對了！」，還會被指控為職權騷擾，因此對共事者，特別是前輩來說，是具有威脅的存在。

【對策】

「你負責做會議紀錄。」

「做這個有什麼意義嗎？」

「這我當菜鳥的時候也幹過啊。」

「你覺得有意義嗎？」

「會幫到大家啊。」

「幫大家有意義嗎？」

「……」

「那我就先下班了。」

事已至此，只能進入無我之境了啊。

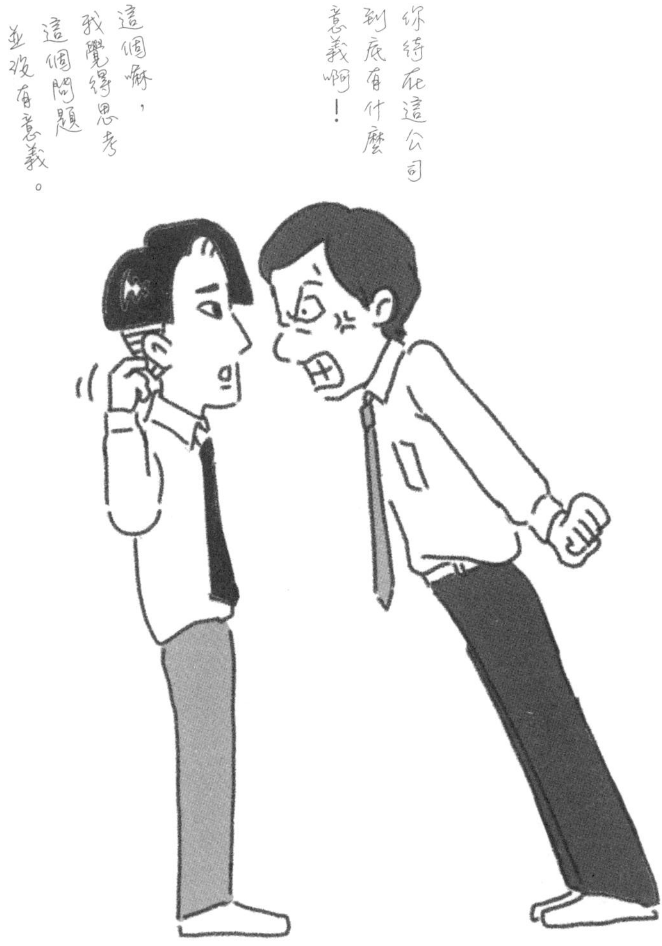
你待在這公司
到底有什麼
意義啊！
這個嘛，
我覺得思考
這個問題
並沒有意義。

•來自宇宙的天音•

還真的沒什麼意義。

為您轉接負責人星人

攻略難易度 ★★★

踢皮球課
啊——
您所詢問的事項
並非由我負責……

【生態】

接到社外打來的詢問電話時，總是放棄自我思考，直接將皮球踢給別人。同時卻又很喜歡裝出一副很有責任感的樣子，和同事抱怨「剛剛有個客戶超麻煩的～」

【對策】

只要把他們當作「負責把皮球踢給負責人的人」，心裡就會好過不少。下次可以試著讀秒，看他們接到詢問電話後會在幾秒內說出「為您轉接負責人」，也是挺娛樂的。

•來自宇宙的天音•

搞不好是踢皮球的球速可達160km／h的天才。

在座位上吃咖哩星人

攻略難易度 ★★★

【生態】

一般而言，不在座位上吃味道強烈的食物是眾所皆知的職場潛規則，然而這種外星人可說是顛覆常規的勇者。香料的香氣隨著水蒸氣蔓延開來，一再刺激空腹同事的緊張神經、讓人上火，簡直就是職場裡的辛香料。

【對策】

既然咖哩的香味讓人食慾大增，不如反過來利用吧。首先到便利商店買個原味麵包，然後配著遠方飄來的咖哩香咬下麵包，如此一來連咖哩都不用買，就能享受到咖哩配烤餅的幸福幻覺了呢。

●來自宇宙的天音●

乾脆把咖哩的香味當作配菜吧。

座位山崩星人

攻略難易度 ★★★

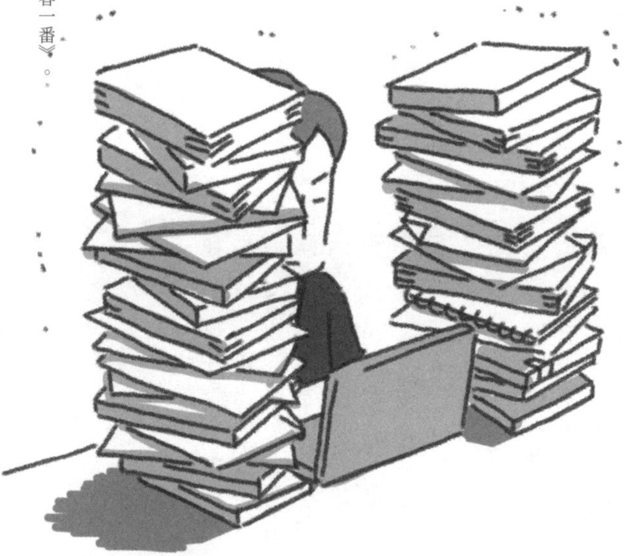
♪
當雪
化作河川
雪崩
就發生了

1 歌詞改編自糖果合唱團的著名歌曲《春一番》。

【生態】

疏於日常的清潔維護，長期下來桌上的文件資料堆積成山，只要一點動靜就會引發雪崩，周圍亂成一團。坐隔壁的同事也被牽連成為受災戶。

【對策】

雪崩都是從山頂開始的，因此要看準他們離開座位的時候，趁機將疊在最上層的文件移到對方的椅子上。待他們回到座位正覺得奇怪的時候，再一臉若無其事地說「剛剛掉下來了，所以幫你撿起來了」，就能完美達成目的。

●來自宇宙的天音●

儘管在辦公室裡，也要在融雪前做好除雪作業。

車廂門神星人

當我離開此處，就是我死的時候。

攻略難易度 ★★★★

【生態】

死守在車門和座位之間的空間，一動也不動。遇到車廂內擠滿人的時候，會巧妙地將身軀貼往門邊，以確保最佳位置，擁有扎根於大地的能力。無論發生任何事，直到下車前都紋風不動的不動明王。

【對策】

他們一旦選好位置就八風吹不動，那個空間就如同聖域一般，不容旁人踏入。車廂擁擠的時候，若是對他們使出壁咚加上近距離猛盯，自然就會讓開了。

•來自宇宙的天音•

人家說不定是在鍛鍊體幹呢。

絕不接內線電話星人

攻略難易度 ★★★★★

【生態】

不同部門的電話就罷了，即便面對自己桌上響起的內線電話，也展現出一副「死也不接」的氣魄與覺悟。基本上，就算同事全部不在，也不會接電話。遇到非接不可的情況，會極其不悅且不帶感情地接起電話。

【對策】

如果主管或前輩都用光速來接電話的話，他們便難以繼續貫徹無視電話的行為。這個問題，只有前輩和主管能解決。

•來自宇宙的天音•

內線電話的問題會讓內心糾結得像電話線一樣。

租屋好還是買房好星人

攻略難易度 ★★★★

你是一定覺得
買房比較划算吧！？
這一切都是
陷阱啊！
爆氣

【生態】

針對租房子好還是買房子好這個問題，展開過於熱血的激論，明明沒人問卻擅自分析起兩者的優缺點。他們在談論這個主題的時候，往往比簡報或業務交涉時還要長舌。

【對策】

千萬不要在他們面前說出「我在煩惱是不是該買房子」，這句話將成為他們連珠炮般灌輸自我主張的導火線，因此避開這個話題為上策。要是不小心提到，建議把話題扯到想要改建自宅之類的即可。

●來自宇宙的天音●

家的問題，請和家人討論再決定吧。

動不動用白板說明星人

攻略難易度 ★★★

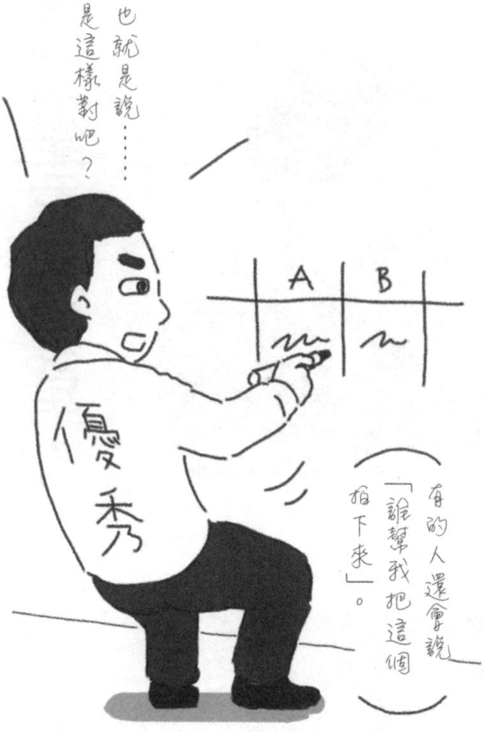
也就是說……
是這樣對吧？
A
B
優秀
有的人還會說
「誰幫我把這個
拍下來」。

【生態】

開會時總要用白板說明解釋，或拿來闡述自己的理論。他們往往是在炫耀自己比別人優秀。以結果來說，只是徒增開會時間罷了。

【對策】

比起讓會議順利進行，他們只是想要寫白板而已，因此不如讓他們寫個痛快，照常開會就好。遇到討論卡關的時候，再當作中場休息看個白板就差不多了。

●來自宇宙的天音●

其實腦袋裡也是一片空白吧？

總之先否定星人

攻略難易度 ★★★★★

這樣做好嗎？
※當作歪頭公仔的話
就可愛多了
（退一百步來說）

【生態】

談公事的時候，總是要從挑對方話中的毛病開始。光是否定，卻也不會提出對應的意見或解方，正是這種外星人的麻煩之處。好發於喜歡把人騎在頭上的類型。

【對策】

被否定的時候就試著裝出一副腦筋不好的樣子，用一句「我太笨了，還給我一點意見」把球踢回去給對方吧。對方的回答多半不會是什麼高見，因此再回個「好像不太適用在我身上耶」就好了。

•來自宇宙的天音•

否定他人有天是會回到自己身上的。

名片老是用完星人

攻略難易度 ★★★

【生態】

交換名片的時候，名片老是一張也不剩。結果只能單方面收下對方的名片，要是對方是大人物的話更是萬劫不復。遇到這種下屬或同事，還會連帶影響到自己的形象，是麻煩的存在。

【對策】

遇到下屬名片用完的情況，可以解釋說「因為部門異動的關係，他的名片還在重新製作」，將傷害減到最低。或是「為了在背面加上英文版本」之類，也是頗為實在的理由。

•來自宇宙的天音•

名片請印多一點，放在包包或錢包裡吧。

閒著沒事還加班星人

攻略難易度 ★★★★

【生態】

手上的工作明明做完了，卻和別人聊個沒完，在辦公室四處遊蕩，不甘寂寞的外星人。他們的目的很可能是騙加班費。

【對策】

只要對他們釋出一點關心，就會很開心地纏上來聊天，因此請盡量不要和他們對上眼，擺出很忙碌的樣子吧。否則等到他們跑來坐到你旁邊的話就沒救了。

•來自宇宙的天音•

哪來的加班，根本是在干擾同事工作。

舔手指翻頁星人

攻略難易度 ★★★

【生態】

在看雜誌或報紙要翻頁時，會用上自己的唾液來增加摩擦力。除了自己的東西之外，還會汙染到公司的公用文件上。這種外星人在社會上存在已久，給人一種生生不息的感覺。

【對策】

用油性筆在公用的雜誌上寫下「禁沾口水！」的警語吧。也可以在書頁的角落塗上芥末之類的東西，這樣就會沾在翻書的手指上，待下次翻頁的時候就能讓對方嚐到苦果。

●來自宇宙的天音●

公司不需要口水。

濫用英文星人

靠著insight我們的target，來judge執行的priority，才是better的做法。

攻略難易度 ★★★★

【生態】

說話會接連使用fix（調整）、segment（分眾）、persona（人物誌）、commit（承諾）、bias（偏誤）等一連串的商務用語，容易因為濫用英文而模糊了重點。其中有大半根本也不知道確切的意思就憑感覺亂用。

【對策】

當對方秀英文的時候，每遇到聽不懂的單字就發問「那是什麼意思呢？」。只要重複做個幾次，就能讓對方有種用太多英文很羞恥的感覺，有機會藉此減少對方使用英文的頻率。

•來自宇宙的天音•

我的素養就low，無法agree你的做法。

被罵就辭職星人

在職場受主管之託帶新人是常有的事，然而近年出現一種奇怪的現象，就是主管會說「新人就交給你了，但也不要太嚴格啊」。據說是因爲最近的年輕人一被否定或遇到不如意的事，常常一下就辭職了。那麼，只要溫和以對就好了嗎？主管又會說「不，我希望你好好地罵一下新人」。這是哪招啊，不能太嚴厲卻又要好好地罵？這語法有問題吧。再確認一次主管眞正的意思，似乎是「要好好地罵新人，但罵完不能置之不理，必須細心地從旁輔助，爲新人加油打氣」。又不是男女朋友！爲何非得對一個會花時間在鏡子前抓頭髮的傢伙這麼無微不至？如果不喜歡一直被罵，就請走人吧。務必繼續保持，成爲一個恣意妄爲、乳臭未乾的大叔吧。不過，大叔我在這裡想提醒一句。工作雖然能說不幹就不幹，大叔這身分可是一生擺脫不了的。

絕不接內線電話星人

在公司剪指甲星人

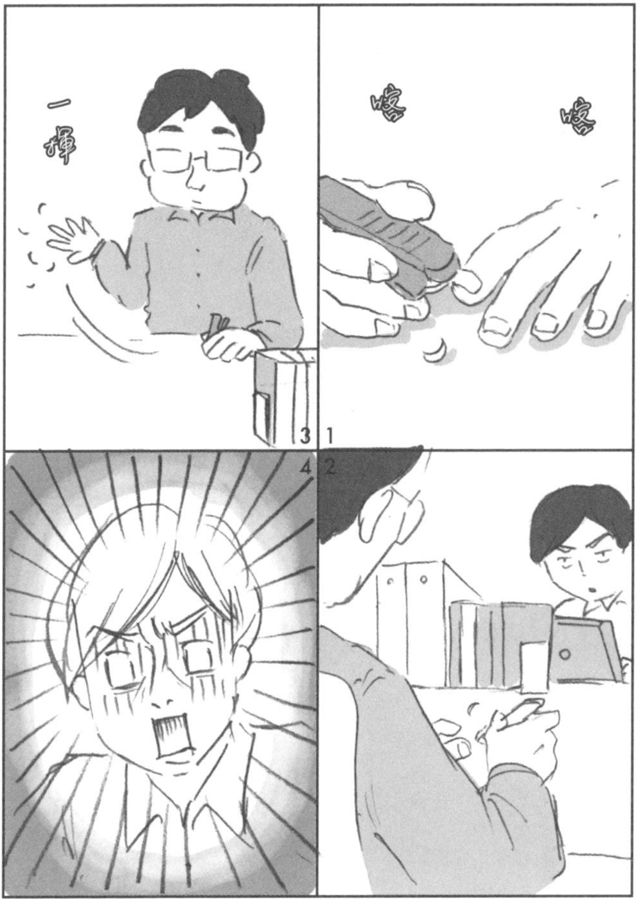

很會裝忙星人

要說我在公司有什麼能稱第一的……
河本啊。
是。
那就是我藏視窗的速度
Mail
偶像
絕對是最快的。
呃，我手上的工作已經忙不過來了。

愛用白板說明星人

剩下的就拜託你了星人

剩下的就拜託你們了。
剩下的就拜託你了星人什麼也不會做
害得下屬得拚死拚活做事，變得越來越優秀。
只好拚了！
剩下的就拜託你了星人也跟著出人頭地。
為何
為何

第2章

肇因於數位化的麻煩人物

用電腦和智慧型手機的那種 外星人

數位原生世代進入職場的時代來臨，
然而職場裡仍存在著許多
還在使用智障型手機的數位難民，
在這種情況下，雙方究竟該如何溝通呢？

Enter鍵按超大聲星人

攻略難易度 ★★★

【生態】

辦公室一安靜下來，就會傳來強勁的鍵盤敲擊聲。在工作不順心或是正上手等情緒特別高漲的時候，鍵盤聲也會隨之增大。堪稱是辦公室的噪音汙染。

【對策】

若公司不是能夠自由聽音樂、戴耳機的環境，要與他們的噪音抗衡簡直難如登天。雖然能夠以其人之道還治其人之身，用相等或更大的音量敲下Enter鍵，藉此暗示「你的鍵盤聲太吵囉」，但他們大多時候都是無心的，所以不見得有用。

•來自宇宙的天音•

用痛毆他們的心情敲下鍵盤。

在公司玩拍賣星人

攻略難易度 ★★★

這、這可不是工作的時候。
出價 31次，倒數2小時
目前
100,100日圓

【生態】

無視認真上班的同事，逕自逛著拍賣網站看要買什麼，或關心自己賣的東西是否有人競標。有少部分的例子從拍賣賺到的錢甚至比正職多。

【對策】

趁他們不注意的時候觀察他們拍賣什麼，再偷偷地參與競標讓金額飆高，或一直留言發問。如此一來，他們就再也無心工作，還可能因此東窗事發被上司臭罵。不過要是搞得自己也太投入，被發現也會挨罵。

•來自宇宙的天音•

要是被主管發現，恐怕只會讓自己的價值下滑。

不讀不回星人

攻略難易度 ★★★

【生態】

在使用社群網站或通訊軟體聯絡的時候，故意不讓訊息已讀，為自己留一條「因為太忙所以沒時間看」的後路。但恐怕早已透過預覽之類的功能，大致掌握了訊息內容，以此決定要不要打開訊息。

【對策】

為了製造他們必須打開訊息的狀況，試著傳送「某某案子出了大麻煩」的訊息吧。如果這條訊息被已讀，就能證明他們確實有收到訊息，如此一來就無法再使出不讀不回這招了。

就算你不看訊息，也已經被人看透了。

郵件一律標記【重要】星人

攻略難易度 ★★★★

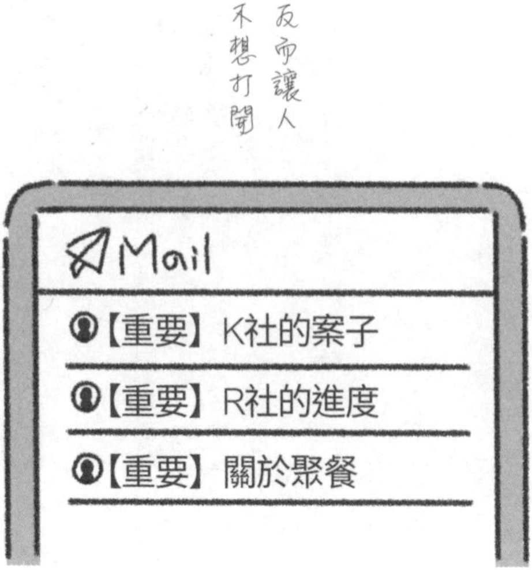
反而讓人
不想打開
Mail
【重要】K社的案子
【重要】R社的進度
【重要】關於聚餐

【生態】

為了防止信件被忽略，或是為了增加對方回信的機率，在每封信的主旨都加上【重要】，結果反而讓人更煩躁、更不想打開了。

【對策】

這種信通常都不是真的很重要，所以只要照自己的步調來，慢慢回信就好。絕對不能對他們說「這有必要標『重要』嗎？」，這是與他們相處最【重要】的鐵則。

•來自宇宙的天音•

對他們而言，一定是相當【重要】的事。

句尾加「〜」星人

攻略難易度 ★

【生態】

為了營造文字給人的印象，常在郵件或社群貼文的句尾加上「〜」。希望透過如同口語般的表現，給對方一種親切的感覺。與此同類的還有句尾加「！」、「——」等符號的外星人。

【對策】

這種外星人其實不會帶來什麼困擾，不過換成自己想在句尾加上「〜」等符號的時候，就要謹慎為之。一旦成為常態，當對方收到沒有加句尾符號的郵件時，就很有可能覺得「這語氣是在生氣嗎……？」，因此萬萬不可濫用。

•來自宇宙的天音•

文字表達也很重視反差，一板一眼的人偶爾用個「　」會有很好的效果。

訊息過長星人

攻略難易度 ★★★★

儘管可能傳到對方耳裡，但我所言都是為他好才說出口的。
松田
透過 iPhone 傳送
透過iPhone傳送！？

【生態】

生性一絲不苟、謹慎周到，這種特質在職場中常被人嫌麻煩。明明是認真為對方著想，才小心翼翼地將訊息寫得太長，然而寫得越多反倒讓對方更恐懼，是命運多舛的外星人。

【對策】

首先請試想他們花了多少心力與勞力，才寫出這麼一段內容，並對此懷抱感謝之心。不過要是字字讀進心裡也很傷神，所以只要大致理解對方的意思，回個差不多一半的字數就好。

要是討厭的人，可不會特地費心寫超長訊息。

寫信辭職星人

攻略難易度 ★★★★

文字內容不可有失禮之處……很好，沒問題，寄出！

【生態】

對於職場禮儀、潛規則等這類社會常識欠缺概念的年輕外星人。多是進公司差不多五年，資歷尚淺的新人。這與越來越重視效率與事情本質的時代趨勢也有所關聯，未來這種外星人應該會越來越多吧。

【對策】

不希望對方費心於自己戰戰兢兢的態度，或是覺得為了辭職而特地購買信紙或便條紙是違反環保觀念的不智之舉等等。他們是基於如此的體貼想法才這麼做的，背後幾乎沒有任何惡意。因此我們應該放寬心，著眼於他們單純、溫柔的心就好。

•來自宇宙的天音•

至少拯救了幾棵被做成便條紙的樹木，不如這麼想吧。

瘋狂找Wi-Fi星人

攻略難易度 ★★

【生態】

舉凡客戶的會議室、順路造訪的咖啡廳、機場等等，所到之處都要找Ｗｉ－Ｆｉ連線。沒連上無線網路就無法安心的數位世代外星人。

【對策】

一起行動的時候只要為他們挑選提供Ｗｉ－Ｆｉ服務的店家，他們應該就會很滿意了。不過他們也會就此沉迷於手機或電腦之中，完全無視你的存在，這也是沒辦法的事啦。

•來自宇宙的天音•

無線網路可沒辦法與眼前的人連上線喔。

弦外之音星人VS照字面接收星人

有個二十幾歲的菜鳥在工作上闖了禍，五十幾歲的老鳥上司就發了訊息給他說：「明天的會議，你不用來了」。

上司心裡想的是，要是不嚴厲一點把他們踢開，現在的年輕人根本不痛不癢。相對的，部下卻是這麼想的，「不去也沒關係了啊」。明明是同樣的一句話，不同世代的詮釋竟完全相反。

在吟詠和歌與俳句的時候，字面之外衍生的弦外之音原是很美的意境，如今卻已截然不同。如果部下有心反省，他會希望上司傳這樣的訊息給他：「你今天在工作上犯的錯讓我很生氣，如果你對工作只有這麼一點覺悟，就算出席會議也幫不上忙，爲了讓你有這樣的自覺，明天的會議你就別來了。我說的話也許聽來嚴厲，但我覺得應該要趁年輕多累積一點這種經驗，遲早會對你有所幫助。」

雖然說了這麼多，總而言之，就是有話直說比較好。

不好意思，這篇文章繞了這麼大一圈在講這件事。

今天辛苦了。

辛苦了！

下星期的會議，你就不用來了。

咦，真假？

你以後也不用去拜訪那個客戶了。

真的嗎？不好意思要麻煩你了！

你覺得今天客戶的反應如何？

是不是皮笑肉不笑的感覺！

那叫做苦笑。

對方真的很內向對吧。

總之，你不用參與也沒關係了。

其實我下週剛好請了特休。

我會在你休假期間搞定的。

要是部長你負荷太重的話就交給我去吧，儘管開口！

瘋狂找WiFi星人

訊息過長星人

竟然寫這麼長……
從iPhone傳送
到底都在哪裡打這麼長的訊息啊……
啊～好沉重……
媽媽，
爸爸用手機打字超快的耶，好恐怖。
咻咻咻

不讀不回星人

1
我看過資料了。
有幾個要調整的地方。
那傢伙又不讀不回了……
2
「A公司出狀況了」。
3
喔，已讀了。
4
「是我夢到的啦」。
咦，他又不讀訊息了。

可愛貼圖連發星人（特別來賓）

山口千春
我再把資料傳給你。
LOVE
所謂的可愛貼圖連發星人，
難道是對我有好感……
談公事竟然回我
就是藉著引人遐想，讓工作無往不利，
很不錯喔！
不管作為女性或在職場上，都很有一套的外星人。

宇宙漫畫

請給我意見星人（特別來賓）

第3章

完完全全不把旁人放進眼裡

不會察言觀色的那種外星人

確實很讓人火大、讓人不爽，
不過只要掌握對策，
就能以一句「這也是一種個性」化解的類型。

無法照胃鏡星人

攻略難易度
★

【生態】
會因為懼怕健檢的胃鏡檢查而壓力大到胃痛，儘管嘗試了鼻胃鏡或麻醉等較溫和的做法，最後還是無法忍受，選擇鋇劑攝影。

【對策】
試著對他們說「要是鋇劑攝影發現異常，最後還是得照胃鏡喔」。不過，應該沒什麼用就是了。

•來自宇宙的天音•

照完胃鏡之後，立即開始擔心一年後要再照一次。

椅子上掛毛毯星人

攻略難易度 ★★

【生態】

座位的椅子上一年四季都掛著毛毯。除了寒冷的季節之外，夏天也會當作冷氣毯繼續放著，彷彿已經化為椅子的一部分。

【對策】

為虛寒體質所苦的女性其實比想像中還多。平常用不到毛毯的人，尤其是怕熱的男同事請多多留意，別把空調溫度調太低。

•來自宇宙的天音•

各位男同事，請給予女性如同毛毯般的溫柔吧。

小一歲也好就是要裝年輕星人

攻略難易度 ★★★★

也許每個女人
都是追求
年輕貌美的魔女——

【生態】

就算年齡逐漸增長，仍拋不開對年輕的執著，對年紀斤斤計較。對於年紀差不多的前輩以「大很多的前輩」稱之，對於年紀小很多的後進則稱為「小我一點的後輩」。

【對策】

他們對於「奔三」、「奔四」[1]這類名詞十分敏感，因此不確定該怎麼講的時候，就把他們歸為比較年輕的一群。舉例來說，對方如果是三十五歲，就以三十歲世代稱之，萬萬不可提到奔四。

1 編註：將近三十歲、將近四十歲

•來自宇宙的天音•

能夠坦率承認自己是大嬸，才是人美也心美的女性。

成天泡在吸菸室星人

攻略難易度 ★★★

——已經整整兩小時都花在耍廢。

【生態】

一整天幾乎都在吸菸室度過。因為時間都花在抽菸上，實際工時比同事還短，卻領同樣的薪水。

【對策】

聚集在吸菸室的癮君子容易打成一片。如果你也抽菸，不如把吸菸室當作拓展人脈的社交場所吧。

•來自宇宙的天音•

乾脆用香菸的煙把自己做成煙燻製品吧。

有機食品星人

攻略難易度 ★★

點心是堅果，
對身心都健康。

【生態】

只吃有機栽培和無食品添加物的食物，屬於自我感覺良好的類型（過敏體質另當別論）。其中多數都熱愛高檔超市，熱衷於瑜伽或皮拉提斯等運動。與此同類的還有素食主義星人、無麩質星人等。

【對策】

要特別留意的是，和他們一起用餐的話，能選擇的東西就會變得相當有限。遇到非得一起吃飯的情況，選擇菜單裡有藜麥、奇亞籽等食材的餐廳準沒錯。

•來自宇宙的天音•

天生麗質的人即使不講究食材也依然美麗。

KTV分母星人

攻略難易度 ★★★★

【生態】

遇到續攤等聚會場合，喜歡隱身其中，一個人靜靜地待著。一進到ＫＴＶ就將點唱機據為己有，一首接一首地替別人點歌，如此一來就永遠不會輪到自己唱。要是被逼著唱歌，就會翻臉，搞得氣氛很僵。

【對策】

最佳解決之道就是不要找他們去ＫＴＶ。要是不慎唱同一攤……對於這種自尊心強、在意他人眼光的類型，只要邀他們一起對唱就行了。這樣就能成功分散大家的注意力，保住他們的自尊。搞不好還能讓他們有種「唱了」的成就感，應是暗爽在心裡沒錯。

•來自宇宙的天音•

說到底根本也沒人在聽你唱啊

弦外之音星人VS照字面接收星人

攻略難易度 ★★★★★

不過是出生的年代有點差距……

【生態】
一邊是察言觀色、聽取言外之意，秉持日本傳統風俗習慣與人交流的老鳥星人；一邊是依照字面全盤接收的菜鳥星人，在職場上兩派之間容易發生理解差異問題。

【對策】
要訣就是，儘管雙方使用的是同一種語言，在溝通交流時也要想像對方是不同國家的人。或是找一個和對方相同世代的人來幫你翻譯吧。

•來自宇宙的天音•

真想要一台專為代溝設計的日文翻譯機。

噴嚏超獨特星人

攻略難易度 ★★

【生態】

有的人會在打完噴嚏罵句髒話，有人則是闔上嘴打出有點可愛的「啾」等等，各種不同於普通的「哈啾」，具有個人特色的噴嚏。

【對策】

「好吵」、「好刺耳」這樣的用字遣詞容易引發衝突，換個方式用「你的噴嚏好綜藝喔」、「你的噴嚏還真有個性呢」這種比較委婉的挖苦方式比較好。

•來自宇宙的天音•

噴嚏也是一種個人特色啊。

鞋底磨過頭星人

攻略難易度 ★★

…
點餐脫鞋的時候
鞋底都被看光光
了。

【生態】

鞋底磨損很明顯的外星人。有的磨腳跟內側、有的磨外側，或是整體都磨損，磨法各有各的特色。不僅限於年輕人，也有不少這樣的大叔。如果發生在老闆或董事階級身上，那間公司相當不妙啊。

【對策】

如果帶這種人一起去拜訪客戶的話，恐怕會有損公司的信譽。可以當面提醒對方說「你的鞋底磨得很嚴重耶」，畢竟不涉及人身攻擊，所以直說的話也不至於傷到對方的自尊。

•來自宇宙的天音•

從鞋底就能看出人品底蘊。啊，真是難笑到底了。

愛抓頭髮星人

攻略難易度 ★★

【生態】
自備髮蠟帶到廁所的鏡子前，一根一根地抓出造型、調整瀏海位置的自戀型外星人。有的人就連坐捷運，都會用手機的自拍功能抓頭髮。

【對策】
洗手的時候要是遇到他們在一旁抓頭髮，就故意邊洗手邊打量他們吧。他們對別人的視線相當敏感，所以只要發現有人在看就會收手離開。

●來自宇宙的天音●

就算頭髮抓得再好，你的分數也不會有所改變喔。

小弟語氣星人

你好像常常說「真的是～」耶。
真的是這樣嗎？

攻略難易度 ★★

【生態】

透過「真的是耶」、「真的是很有兩把刷子耶」、「那真的是很誇張耶」等類似的語氣，給人一種很有活力的小弟的感覺，不會太做作，又能自然地擺低姿態。其中也有不少實際上講話根本沒有什麼內涵的例子。

【對策】

試著把他們話中附和別人的「真的是～」拿掉吧，這樣就能看清他們的發言其實沒什麼重要的內容。一個人有沒有實力、為人是否誠實，一看就知道。

•來自宇宙的天音•

話裡真的是意外地沒什麼內容耶。

推坑高爾夫星人

攻略難易度 ★★★

真不懂大家
為何不打高爾夫耶。

【生態】

為了多幾個球友，會強勢地推薦同事打高爾夫。首先仔細確認住哪裡、家庭結構和有沒有車等適合打高爾夫的條件，一旦通過審查就會被鎖定為目標，一而再再而三地邀你去高爾夫練習場。

【對策】

他們會不斷和你強調「早點開始打比較好」、「沒有比高爾夫更好玩的了」，但其實只是想找個球友罷了。試著反過來邀他們「要不要一起去露營？」，他們就會罷休了。

•來自宇宙的天音•

說真的，他們只是想找球友罷了，不是非你不可。

動不動拿三國志比喻星人

攻略難易度★★

只要把市占率
置換成魏蜀吳
來看……

【生態】

商場上發生的人事物，都能一一舉出經典名作《三國志》的內容加以對照。明明是為了輔助聽者理解，卻反倒把事情搞得更複雜了。與此類似的還有「動不動拿棒球比喻星人」等。

【對策】

儘管對《三國志》有概念的人能夠接招，但對沒讀過的人來說簡直是酷刑。不過要是壞了對方的興致，也會害到自己，因此像是「董卓？我是董卓型的人嗎？我來查查看喔！」，用手機查了之後再回個「好像被你說中了耶～！」，這應對就會有不錯的效果。

•來自宇宙的天音•

「部長你真的是諸葛孔明型的人耶」此言一出，一擊必殺。

便服不及格星人

攻略難易度 ★

【生態】

出沒於上班規定要穿西裝或制服的職場。由於平常沒什麼被檢視時尚品味的機會，假日打扮邋遢巧遇同事的時候，就會引起對方注目。

【對策】

這不是說改就能改的問題，就放生他吧。比起注意別人，自己也有可能在不知不覺間成為別人眼中的便服不及格星人，因此得多加留意才行。

•來自宇宙的天音•

這世上幾乎不存在上班穿得很糟，便服卻很有品味的例子。

在公司外面遇到就裝沒看見星人

攻略難易度 ★★

【生態】

平常在公司相處還算融洽，上下班在捷運上之類的地方遇到時，卻會裝作沒看到，無論如何都不會過來打招呼。最尷尬的就是不小心對上眼的時候。

【對策】

往好的方向想，也許他們在職場上能好好地和人來往，都是努力克服自己內向的個性得來的成果。私底下遇到他們的時候，就低頭看手機錯開視線，裝出一副完全沒發現他們的樣子就好了。儘管你們多半都有注意到彼此。

●來自宇宙的天音●

無視，有時是一種愛的表現。

反正我很快就不幹了星人

反正我很快就不幹了。
心動
好懷念喔。

攻略難易度 ★★★★

【生態】

好發於年資尚淺的員工身上。仗著年輕就是本錢，對未來還充滿希望、不需瞻前顧後，因此動不動就丟出一句「反正我也沒打算在這間公司久待」。不過，這種類型是絕對不會辭職的人。

【對策】

當他們說「我不幹了」的時候，試著追問他們離職後有什麼打算吧。根據他們的回答，就能當場判別對方到底是反正我很快就不幹了星人，還是真的準備離職。反正我很快就不幹了星人隨著年齡的增長，就不會再揚言辭職了，所以別管他們就好。

•來自宇宙的天音•

這年頭辭職詐欺的慣犯越來越多了。

用世代概括一切星人

攻略難易度 ★★★

你25歲啊，
那應該沒什麼
熱情吧。
悟世代
寬鬆世代

【生態】

團塊世代[2]、泡沫世代、迷惘世代、寬鬆世代、悟世代等等，常用這些刻板名詞擅自定義他人。當他們如此用世代來概括人時，通常都是一臉跩樣。

【對策】

被說「三十歲啊，那你就是寬鬆世代囉」的時候，冷冷地回他們「那部長幾歲啊？……喔，泡沫世代嘛」，這樣就對了。如此一來也省得深交，不用認識對方太深，只要看作世代間的交流，建立一個膚淺、輕鬆的人際關係就好。

2 團塊世代指的是一九四七～一九四九年間戰後嬰兒潮出生的世代。泡沫世代指的是一九六五～一九六九年間出生，在日本經濟高度發展的泡沫時期進入社會工作的世代；迷惘世代指的是一九七〇～一九八二年間出生，在日本泡沫經濟崩潰、景氣蕭條的時期進入社會工作的世代；寬鬆世代是指一九八七年～二〇〇四年間出生，接受減輕課業負擔的「寬鬆教育」成長的世代；悟世代是一九九〇年代出生的世代，與寬鬆世代沒有明顯分界，指的是從物慾中解放、達觀的年輕人。

•來自宇宙的天音•

有這種行為的人，就是所謂的用世代概括一切的世代吧。

眼鏡戴頭上星人

攻略難易度 ★

明明就能掛在脖子上，
卻硬要往頭上戴。
我的眼鏡放哪去了？
開玩笑的啦。
每次都來這套。

【生態】

將眼鏡往上挪，卡在額頭上的造型。常因頭髮或頭皮上的油脂，搞得鏡片霧霧的。本性善良、無惡意，與將墨鏡戴在頭上的玩咖屬於截然不同的類型。

【對策】

特別容易出現在工作是與數字交戰的人身上，請拿眼藥水給用眼過度的他們吧。

•來自宇宙的天音•

這個造型，眼光真的很「高」。

非同事不愛星人

攻略難易度 ★★★★★

要是公司裡沒喜歡的人，
工作起來就很沒勁！！
應該說根本失去意義了嘛。

【生態】
交往對象總偏偏是公司同事的危險分子。除了打著近水樓臺先得月的主意外，也很可能是享受在不能被人發現的快感中。

【對策】
要是對象是已婚人士的話，冒的風險可就大了，因此有家室的人最好盡量避免與他們有公事外的接觸。不過，若想體驗肥皂劇般的複雜男女關係，就儘管上吧。

•來自宇宙的天音•

辦公室戀情（office love）的縮寫就叫做OL。

動不動曬貓星人

攻略難易度 ★★★

【生態】

明明完全沒問，就自顧自地翻出照片，秀自己家裡養的貓。自己在那邊一頭熱，絲毫不顧周圍的人的反應，不過本人倒是沒什麼惡意或算計。但還是讓人覺得，要曬貓的話是不會自己到社群網站上曬到飽嗎。

【對策】

只要跟著附和「好可愛～」就十分得體了。更進一步的話，還可以問問看是公是母？很調皮還是很乖？飼料是什麼牌子的？等等。

•來自宇宙的天音•

對貓奴過敏的人也不少喔。

護手霜塗過頭星人

攻略難易度 ★★

【生態】

極度討厭乾燥，隨時都在補塗護手霜，勤於保濕護理。導致所觸及之處都會變得黏黏的。入冬更是變本加厲。同類還有抿唇膏星人。

【對策】

他們碰過的地方都相當滋潤，摸了可以間接補充油分。要是不嫌棄的話，就請善用對抗乾燥吧。

•來自宇宙的天音•

乾燥是女性大敵。

鞋跟太響星人

攻略難易度 ★★★★

【生態】

走路時發出叩叩叩的巨響，讓周圍的人聽了覺得焦躁或毛骨悚然。其中也有為了宣告自己是女強人而踩著高跟鞋走路的類型。

【對策】

鞋跟發出的叩叩聲節奏固定，跟著在心裡打出「噠噠噠」的節拍就能樂在其中。重要的是發揮想像力，認為是樂器在走路。

•來自宇宙的天音•

鞋跟叩叩叩，打個反拍就成了打擊樂器。

誤入女性專用車廂星人

攻略難易度 ★

【生態】

在早上的通勤尖峰時段，慌忙衝進捷運，卻隻身一人誤闖入女性專用車廂的男外星人。儘管沒有惡意，還是得遭受眾人冷眼對待。如果是故意的，那就真的是變態了。

【對策】

遇到他們誤入車廂的時候，就乾咳幾聲暗示一下吧。通常都會察覺氣氛不對，默默離開。

●來自宇宙的天音●

話說，為何沒有男性專用車廂呢？

在走廊徘徊講電話星人

攻略難易度

★

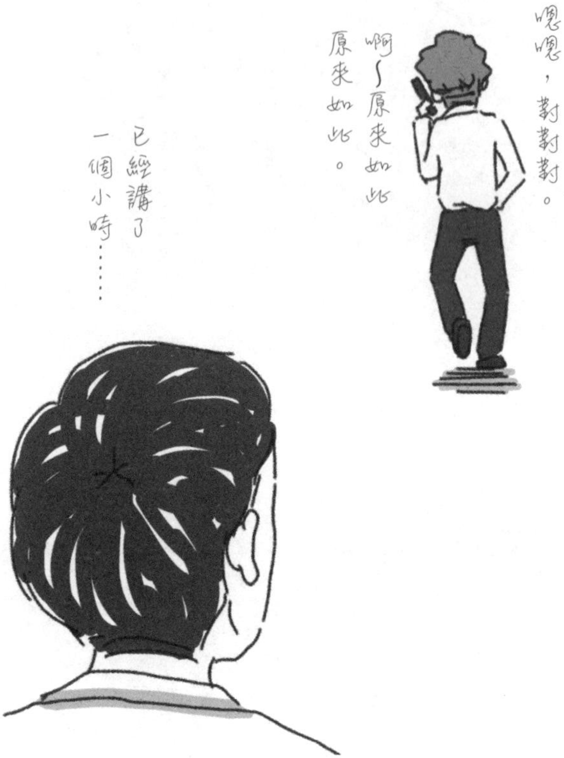
嗯嗯，對對對。
啊～原來如此原來如此
原來如此。
已經講了
一個小時……

【生態】

擁有接起電話就離開座位，一邊和客戶講電話一邊來回走動的怪癖。還以為有什麼見不得人的事，一聽內容卻相當普通。晃來晃去實在挺惱人的。

【對策】

不如試著若無其事地跟在他們後面看看吧。講電話時最討厭有人靠近，因此只要反過來主動接近他們，就能將他們趕到遠處。

與其來來回回走這麼久，還不如直接去見對方比較快喔。

話當年勇星人

攻略難易度 ★★★

想當年
熬夜加班
可是家常便飯呢。

【生態】

明明年輕的後輩什麼也沒問，就自顧自地開始暢談自己年輕的時候工作有多拚或當年的豐功偉業，如同吉祥物般的存在。黃湯下肚後，這個壞習慣更是變本加厲。大多是一看就知道從沒學壞過的平凡大叔。

【對策】

他們只是想說說話而已，把他們的話當作耳邊風，左耳進右耳出就好。時不時來句「哇～部長你說的是真的嗎？」、「換作我可辦不到～」之類的話，保證加分。

•來自宇宙的天音•

大叔憶當年乃是大自然的法則。

只有一樓也要搭電梯星人

攻略難易度 ★★★★

【生態】

在為數眾多的職場外星人中，是數一數二懶惰的類型。比起體力，絕大部分是來自本性的問題。上樓也就算了，下樓的話真的忍不住覺得給我走樓梯啊。

【對策】

要是在電梯載滿人的時候遇到就會覺得煩躁。這時候只要問他們「要到幾樓呢？」就行了，當他們回答幾樓後，就能營造出一種「欸欸，這傢伙不過一層樓而已竟然還坐電梯」的氛圍，讓他們沒臉見人。

• 來自宇宙的天音 •

要到幾樓呢？咦，不就樓上而已，確定沒錯嗎？

用世代概括一切星人

約五千年前的古埃及遺跡出土了一項文物，據說上面留有大意是「關於最近的年輕人」的內容。我們對於和自己不同世代的人，常會討論到代溝等等世代差異，沒想到這竟然是從五千年前就開始的行爲。然而像這樣依照世代將人分門別類、概括而論，或許是非常沒道理的做法。

無所畏懼地朝夢想前進的年輕人比比皆是，而無欲無求、沒有競爭意識的大叔在職場上也是多不勝數呢。

當然，年輕的世代也不能用團塊世代或泡沫世代等詞彙來概括長輩，這世上也有生活簡樸的大叔，畢竟在泡沫經濟崩潰之後大家都被迫走向極簡主義了。如果在職場遇到以世代概括一切的大叔，希望大家試著這麼反問「又在用世代來概括而論了嗎？」，如此一來就能將對方歸在「用世代概括一切的世代」，回擊對方。

KTV分母星人

1
開唱啦！
你來唱這首吧！
2
下個換誰？
部長，我幫你點了SPITZ的歌！
3
乃木坂是誰點的？
這首是炒熱氣氛的嗨歌～！
4
咦？你是不是都沒……
我去一下廁所。

小弟語氣星人

1
不知道趕不趕得上交期呢。
真的是耶。
2
該怎麼辦才好。
真的是很不妙耶。
3
你有什麼打算嗎？
嗯，真的是要靠氣勢了。
4
也就是沒計畫的意思？
真的是耶。

反正我很快就不幹了星人

終身雇用什麼的已經過時了啦！
現在的公司只是跳板而已。
我現在就像在暖身，準備往夢想衝刺呢。
10年後
果然穩定才是最重要的啦。

動不動曬貓星人

成天泡在吸菸室星人

第4章

就某方面來說，或許是職場的潤滑劑……

想想其實還挺可愛的那種外星人

對於他們過於隨心所欲的言行舉止，
一開始雖覺得不解、嘖嘖稱奇，
但不知不覺也習慣了！？

強調顧家好男人形象星人

攻略難易度 ★★★★

【生態】

和同事聊天時，時不時會巧妙地將話題帶到育兒上，藉以提升自己的奶爸形象。甚至會分享育兒的甘苦談，展現自己積極參與家務的一面。

【對策】

可以反應稍為誇張一點地對他們說「哇，真是顧家好男人耶。」要是主動提及育兒相關話題，他們就會非常開心，因此請務必有意識地對他們使用「顧家好男人」一詞。

●來自宇宙的天音●

一旦拿來炫耀，就不及格了。

老是請喪假星人

攻略難易度

★

我親戚……
你應該已經
舉目無親了吧？

【生態】

請假的事由總是喪假，讓人無法摸清他們到底有多少親戚。儘管旁人大概都察覺到是藉口，但本人卻沒有學到教訓，一再犯下相同錯誤。

【對策】

試著把眼界放廣，或許癥結點並不在他們身上，而是日本的企業體制問題讓人無法輕易請假，因此就放過他們吧。

• 來自宇宙的天音 •

我們就是住在一個不這麼說就難以請假的國家。

耳機漏音星人

攻略難易度 ★★

【生態】
出沒於公司的電梯或捷運等人潮擁擠的地方。耳機的聲音外漏，音量大到連旁人都聽得出在播什麼。

【對策】
雖然是讓人困擾的行為，但從一個人聽的音樂類型可以了解其性格，因此也算是認識他人本性的好機會。試想會計部的女同事看來文靜，聽的竟是重金屬；快退休的老董聽的是雷鬼等等。

●來自宇宙的天音●

比起自我介紹，有時耳機漏音更能讓我們了解一個人。

拒改關西腔星人

攻略難易度 ★

【生態】

有來自日本各地的人在東京生活，他們依循著「入境隨俗」的道理，學習日文的標準發音，而這種外星人在此氛圍之中完全不受影響，堅持講關西腔，滿懷著不屈服於東京的壯志與覺悟。

【對策】

要是問他們「為什麼不矯正發音呢？」，多半會得到「非改不可膩？」的答案。因為對他們而言，根本沒有什麼好改的。此外還有一個原因，他們回故鄉的時候如果說著一口標準的日文，就會被批評為「出賣了靈魂」，實在太麻煩了。

•來自宇宙的天音•

對關西人而言，關西腔就是標準的日文。

你不聽搖滾星人

攻略難易度 ★

【生態】
堂堂中年大叔，卻著迷於年輕女創作歌手的歌曲，對方的年紀搞不好都可以當女兒了。歌曲中流露的昭和歌謠元素讓他們很有共鳴。

【對策】
這種能與大叔世代大聊的共同話題是少有的機會，應該有效善用。表明自己也是同好之後，若與大叔一拍即合，說不定還能免費被招待去聽演唱會呢。

•來自宇宙的天音•

音樂有時甚至比Wi-Fi更能將人連結在一起。

看來今晚要去聯誼星人

攻略難易度 ★★

【生態】

每到聯誼的日子，就會突然身穿粉色系、雪紡或小碎花的衣服，頂著浪漫捲髮來上班。與平常截然不同的打扮，讓同事感到困惑。

【對策】

「你今天和平常的感覺差好多喔」一這種發言等於是在凸顯她們幹勁十足，乃不智之舉，搞不好還會被指控是性騷擾。只要用「喔，那件衣服很可愛呢」這種一如往常的方式去誇讚她們就好了。

●來自宇宙的天音●

夜晚是蝴蝶，白天是蟲蛹。千萬別去戳蟲蛹。

自己講自己笑星人

攻略難易度 ★

結果竟然弄錯了耶！
……噗哈哈哈。
笑點到底在哪裡……

【生態】

即便是不怎麼好笑的事也可以自己講到笑出來，最後讓聽的人也跟著一起笑。可說是樂天派，某方面來說是最強的外星人。

【對策】

這種外星人總而言之就是受到眾人喜愛，反而是值得我們學習的對象，教會我們比起講述的內容有趣與否，如何把事情說得有趣才是更重要的。

•來自宇宙的天音•

只要笑口常開，就不需要任何話術了。

超早進公司星人

攻略難易度 ★

【生態】
比表定上班時間還要早很多進辦公室，讀讀報、喝喝咖啡之類的度過悠閒的時光。有的是想避開早上通勤的尖峰時段，有的是時間一到就自然醒了，也有單純是不想待在家裡的類型。

【對策】
不只早班的捷運人少，工作也更有效率，好處多多。歡迎加入超早進公司星人的行列。

•來自宇宙的天音•

所謂的勞動型態改革，絕對不光是政府的工作，而是從個人開始做起的。

上班前跑去衝浪星人

攻略難易度 ★

【生態】

曬黑的肌膚和淺棕色的頭髮，開的是復古款式的四輪驅動車。絕不會錯失海浪的資訊，趁著天色未亮衝浪對他們而言是一大享受，接著帶著渾身暢快的疲勞上班。

【對策】

衝浪幾乎耗盡他們一天的體力，因此在工作上不能依靠他們。不過和享受人生、充滿活力的他們一起工作，有時能讓人拋開一些煩惱小事。

●來自宇宙的天音●

我們永遠贏不過享受人生的人。

將女前輩玩弄於鼓掌之間星人

攻略難易度 ★

【生態】
經驗豐富的女強人前輩常是大家覺得有些棘手的對象，但這種年輕大男孩型的外星人卻能將其玩弄於股掌之間，備受寵愛。這種才能並不是後天練得出來的，而是以是否有姊姊這種成長環境的條件而定。

【對策】
女強人的心情好壞左右了整個辦公室的工作氣氛，因此這種外星人的存在能確保職場的和平。這麼一想，就會覺得應該要塞點零用錢給他們才是（於是所有人都成了俘虜）。

●來自宇宙的天音●

越是難搞的人，只要給他們一個擁抱，他們就會有所回應。

消息比人事還靈通星人

攻略難易度★

聽說部長要被調到大阪分公司了。
咦
假裝驚訝

【生態】

比誰都早掌握組織內的人事異動消息，會交代親近的人說「不要告訴別人喔」，然後消息就越傳越開。如同諜報戰般布下天羅地網，專心致志獲取最新情報。

【對策】

只要好好利用他們，掌握對自己有利的人事消息就行了。不過要是知道太多，自己也可能跟著變成這種外星人，請務必當心。

•來自宇宙的天音•

成天關心人事消息的人，通常都不會出人頭地。

炫耀人脈星人

攻略難易度

★★★

【生態】

滿口「那裡的部長，只要我出面就搞定啦。」、「那個藝人是我朋友的朋友！」、「我女兒的幼稚園有個家長啊……」諸如此類的發言，其實與自身能力毫無關係，講起來卻總是驕傲到不行。

【對策】

在他們炫耀人脈的時候全力讚賞，告訴他們「下次麻煩幫忙介紹一下」。基本上他們八成不會真的幫忙介紹，萬一真的有機會認識也算賺到。

•來自宇宙的天音•

我想對方並沒有把你當一回事。

被西裝吃掉星人

攻略難易度

★

【生態】

一看就知道還穿不慣西裝的外星人，好發於新鮮人身上。他們的西裝通常不合身，在面對面開會或談生意的場子上也幾乎派不上用場。其中多數人都只有一、二套西裝。

【對策】

雖然一開始看不順眼，但隨著時間過去，新鮮人會越來越能駕馭西裝，就算再怎麼不適合，我們也會越看越習慣。

●來自宇宙的天音●

比起來，應該是太過適合西裝的新鮮人比較討厭吧？

迷信玄學星人

攻略難易度 ★

【生態】

舉凡占星、風水等等，打從心底相信這些玄學的東西，並會據此採取行動，是內心純真的外星人。但會因為一一參考各種占卜結果，導致分不清哪一個才是正確的。

【對策】

若問他們今天的幸運物或幸運色是什麼，他們就會為你解答，他們的說明甚至超乎預期的仔細且具體。

●來自宇宙的天音●

相信占卜的人最「單純」了。

故意不說敬語星人

攻略難易度 ★★

嗯，是啊。
對吧～你也有同感吧？

【生態】

為了一舉拉近和前輩或上司間的距離，有時會故意挑幾句話不用敬語。藉由這樣的示好行為，巧妙地凸顯出自己相較於其他的下屬是更特別的存在，技巧相當高明。

【對策】

他們是天生的社交好手，最好別想模仿他們。要是隨便亂學，很可能會畫虎不成反類犬，成為一個講話沒禮貌的屁孩下屬，要冒的風險實在太大了。

•來自宇宙的天音•

不用敬語這招是雙面刃，端看用的人是什麼咖。

桌上型香氛機星人

攻略難易度 ★★

【生態】

辦公桌飄散著優雅的香氣和繚繞的水霧。不論職場環境多麼烏煙瘴氣，也絕不會讓自己的座位淪陷，擁有堅強的意志。

【對策】

除了宿醉的時候靠近聞到可能會想吐以外，基本上都是很舒服的香氣，甚至能讓自己放鬆心情，也有助於提升工作效率。歡迎成為桌上型香氛機星人的一員。

●來自宇宙的天音●

療癒辦公桌，營業中。

不要告訴別人喔星人

攻略難易度 ★★

千～萬～
不要告訴別人喔？
聽說啊～
0.1秒

【生態】

以「千萬不要告訴別人喔」為開場白，一臉興奮地大談公司裡的八卦。因為到處亂講的關係，最後會變成全公司都知道的秘密。

【對策】

雖然「不要告訴別人喔」聽起來就像是「快告訴別人吧」，但應該堅守作為聽者的位置。要是自己也跟著散布謠言，就會被認定成口風不緊的人，務必小心。

●來自宇宙的天音●

不論好事壞事，謠言傳千里。

衝第一個下班星人

攻略難易度 ★★★

分秒必爭

【生態】

距離下班時間倒數幾分鐘就開始坐立難安，時間一到就以驚人的神速離開公司，充滿爆發力的外星人。黃昏時分就開始散發出「不准丟工作過來」的氣場，加班等於要了他們的命。

【對策】

如果有事要拜託他們幫忙，要儘早在上午到午後之間解決。他們對於時間很計較，因此多半會在約定的時限以前好好地完成工作。

• 來自宇宙的天音 •

如此的爆發力，真希望他們拿到田徑界大顯身手。

伸懶腰秀身材星人

攻略難易度 ★★

工作一個
接著一個來，
真是吃不消。

【生態】

傍晚以後現身在辦公室的外星人。會一邊確認周遭有男同事存在，一邊舉起雙手伸懶腰。這時候，比起伸展身體，她們更重視自己的身體曲線顯得夠不夠性感。

【對策】

她們的目的並不是伸展，而是伸展給別人看，因此只要沒有觀眾，她們就不會沒事伸展了。真的需要伸展身體的人會自己一個人默默地伸懶腰。總之，不看就沒事了。

•來自宇宙的天音•

演技還真精湛呢。

夏威夷首飾星人

攻略難易度　★★

凱盧阿開了一家超好吃的可麗餅店喔！

【生態】

身上戴著顯眼的金飾，多為小麥色肌膚配上一頭長髮的女性。個性強勢，和「收假回來曬成黑美人星人」、「度假風洋裝星人」是死黨。

【對策】

只要把話題帶到和夏威夷有關的事物上，他們就會滔滔不絕。因此只要圍繞在私房海灘、兜風路線、美味鬆餅店、推薦的飯店等話題上，就保證能和他們建立起友好關係了。

•來自宇宙的天音•

最近歐胡島正紅的鬆餅店是哪一家啊？

抽屜儲備零食星人

攻略難易度 ★

【生態】

肚子有點餓的時候，就會默默從抽屜裡拿出各式各樣的零食享用。常備的零食種類豐富，而且為了避免斷糧，會時時確認存貨是否充足，毫不大意。

【對策】

抽屜裡的零食吃完的話他們就會變得很煩躁，這時我們只要禮尚往來，分送零食給他們就沒問題了。如果和他們討論新商品的資訊，就能進一步建立友好關係。

品項比隔壁便利商店還齊全的抽屜。

橫濱神戶星人

攻略難易度 ★★

我喜歡有風吹拂的這個城市。

【生態】

橫濱或神戶人，對於故鄉抱有強烈的歸屬感和優越感。不知基於何種標準，覺得橫濱勝於東京，神戶優於大阪，從來沒打算離開故鄉。

【對策】

用盡畢生知識，全力稱讚橫濱或神戶是多麼有魅力的城市就對了。若對他們說「好想搬去住住看喔」的話，他們會親切地告訴你住哪一區好，或推薦店家等等。

• 來自宇宙的天音 •

橫濱人不會說自己來自神奈川；
神戶人不會說自己來自兵庫。

專挑中午開會星人

攻略難易度 ★★

【生態】

將會議安排在上午十一點到下午一點之間，意圖藉由開會之名正當化一切，展開看似充實的午餐時光。這種時候大多都在閒話家常，效益只有一般開會的一成不到。

【對策】

要是希望工作有所進展，就不能接受他們的邀約。不過和人交流同時也是工作的一環，這麼想的話就不是在浪費時間了。所以說，就暫且放下工作，盡情地聊垃圾話吧。

•來自宇宙的天音•

和午餐一起，好好品味對方的本性吧。

自己講自己笑星人

「昨天啊，我終於去了一年以前就預約好的米其林餐廳吃飯，但是我的花粉症超嚴重的哈哈哈，結果完全吃不出味道耶！我當初到底爲什麼要訂二月的位子啦。哈哈哈，是不是超好笑的？眞是笑死人了，呵呵呵。」

說實在的，完全搞不清楚哪裡好笑，但不知爲何只要和那個人聊天，自己就會不自覺地跟著笑。所謂笑是會「傳染」的，或許人就是有種習性，在聽人家笑著講事情的時候，自己也會邊笑邊聽。所以說，就算想不出有趣的話題，只要把事情說得有趣就行了。比方說面試的時候，也會從「是否想和他一起工作」的角度去評估應試者。這時候，笑著說話的人就有很大的優勢。

笑口常開的人，一定是笑到最後的贏家。這是非常值得學習的特點。只不過，要是有天突然就開始邊笑邊說話，應該會被當成是腦子有問題，反而形成反效果。因此請立志成爲「愛笑的人」者務必多多留心。

衝第一個下班星人

不要告訴別人喔星人

會計部的由佳里聽說要結婚了耶。
咦～
會計部的由佳里聽說要結婚了耶。
什麼～
會計部的由佳里聽說要結婚了耶。
那個……
啊，由佳里。
我知道。

上班前跑去衝浪星人

強調顧家好男人形象星人

故意不說敬語星人

咦，原來是這樣啊。
對啊，哈哈哈。
原來可以用這招拉近距離啊。
咦，原來是這樣啊～
你這傢伙怎麼說話的！
講的明明是一模一樣的句子——

耳機漏音星人

後記

我的職業是一位文案寫手，
這個工作會接觸到各行各業的客戶，
其中產業和企業文化可說是五花八門。
而這樣的「差異」可以視為該企業或產品的特色，
我也是靠此產出文字的，
但有時實在超出我的理解範圍，讓我驚奇不已。
於是，我試著回過頭審視自己的公司和業界，
發現果然也是怪人一堆。
搞什麼呀，這根本與產業之類的無關，而是世上的常態啊。
我想所謂的公司，就是擁有不同思維的人所聚集的地方吧。
我自己也曾和團塊世代或歷經泡沫經濟時代的人共事，
對於上個世代的價值觀感到驚訝，
有時候也會覺得自己跟不上最近的年輕同事的思考方式，
這些對我來說都是家常便飯（即是所謂的用世代概括一切星人）。
到頭來，大家都是自以為正常的怪咖，
或許就算不提「多樣化」這種字眼，

不管是哪家公司，公司本來就是個「個性豐富的集合體」。
不過，就是這樣才有趣啊。
要是所有員工的價值觀都相同，朝同樣方向邁進，
這種像機器人一樣的公司也是怪噁心的。
想想還是被外星人圍繞比較幸福。
不過還真沒想到，原本只是打算觀察自己的職場，寫寫有趣的文章而已，
姑且不論內容是否有趣、是否營養，竟然就這樣出版成書了。
這宇宙還真是不可思議啊。

在此由衷感謝讓我站上打擊區的小學館編輯竹下小姐；
一展企劃能力和畫功，畫出一個個外星人的
藝術指導兼插畫家兼繪本作家——川嶋ななえ小姐；
以及我的父母、妻子和兩個女兒。
謝謝大家。

二〇一九年十二月　野澤幸司

同事都是外星人：
一掃職場壞心情的教戰手冊

國家圖書館出版品預行編目 (CIP) 資料

同事都是外星人 / 野澤幸司著 ; 陳柔君譯 . -- 初版 .
-- 新北市 : 木馬文化事業股份有限公司出版 :
遠足文化事業股份有限公司發行 , 2020.12
144 面
ISBN 978-986-359-846-6(平裝)

1. 職場成功法 2. 人際關係

494.35 109017878

作　　者 —— 野澤幸司
設計插圖 —— 川嶋菜菜繪
譯　　者 —— 陳柔君
社　　長 —— 陳蕙慧
副總編輯 —— 戴偉傑
行銷企劃 —— 陳雅雯、尹子麟、洪啟軒
責任編輯 —— 何冠龍
內文排版 —— 簡單瑛設
封面設計 —— 任宥騰

讀書共和國出版集團社長 —— 郭重興
發行人兼出版總監 —— 曾大福
出 版 者 —— 木馬文化事業股份有限公司
發　　行 —— 遠足文化事業股份有限公司
地　　址 —— 231 新北市新店區民權路 108-4 號 8 樓
電　　話 —— (02)2218-1417
傳　　真 —— (02)8667-1891
郵撥帳號 —— 19588272 木馬文化事業股份有限公司
客服專線 —— 0800-221-029
客服信箱 —— service@bookrep.com.tw
法律顧問 —— 華洋國際專利商標事務所 蘇文生律師
印　　製 —— 呈靖印刷有限公司

初版一刷 —— 2020 年 12 月
定　　價 —— 300 元
I S B N —— 978-986-359-846-6

Printed in Taiwan